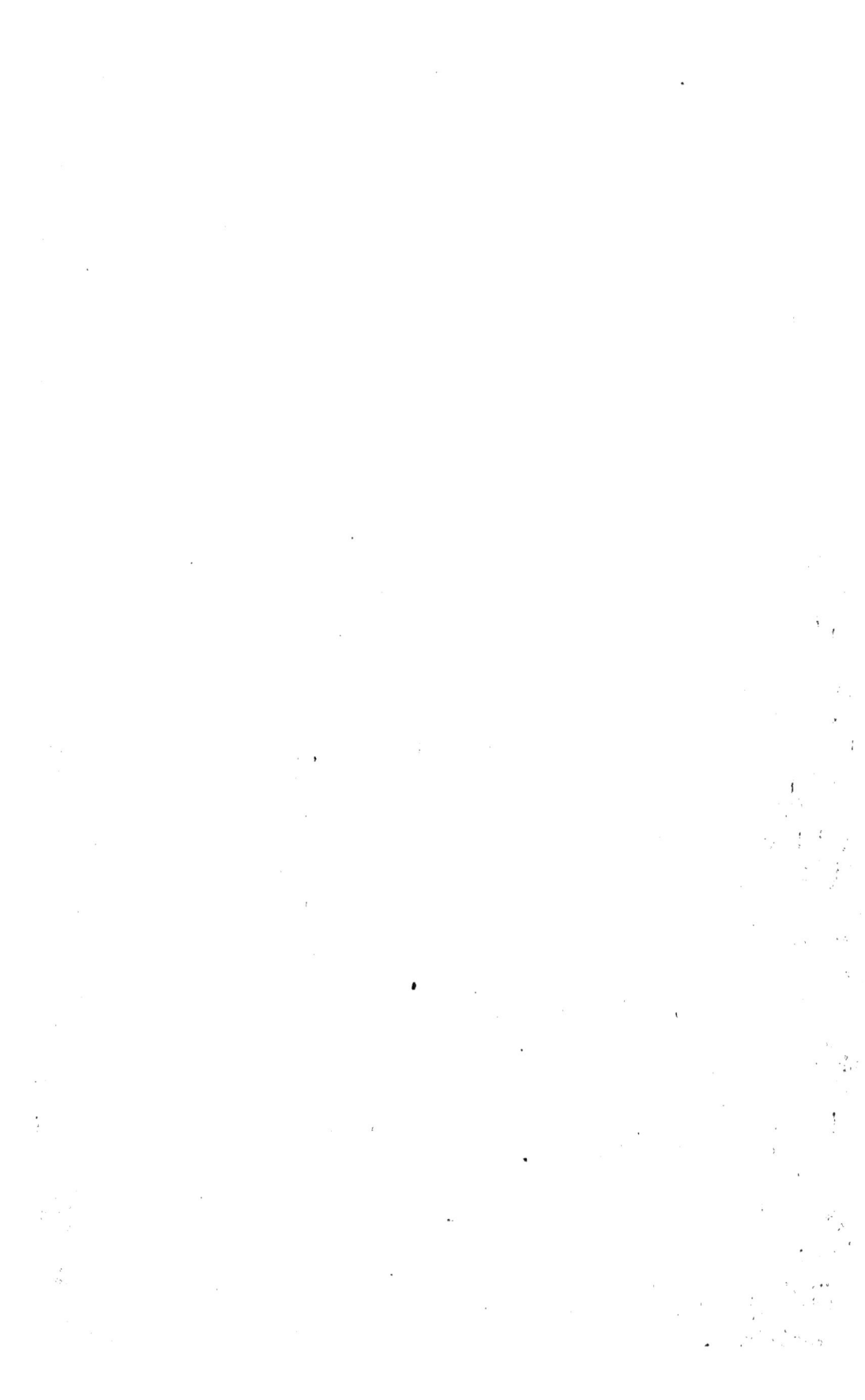

PRATIQUE

DES GRANDS MAILLOTS

ET APPLICATIONS GÉNÉRALES

E. DETOIS

Ancien élève de l'École Polytechnique

O fr. 80

« ÊTRE UTILE »

1906

ROUX, ÉDITEUR A AURILLAC, RUE MARCHANDE

PRATIQUE

DES

GRANDS MAILLOTS

ET APPLICATIONS GÉNÉRALES

E. DETOIS

Ancien élève de l'École Polytechnique

O fr. 80

« ÊTRE UTILE »

1906
ROUX, ÉDITEUR A CRILLAC, RUE MARCHANDE

PRATIQUE GÉNÉRALE

GRANDS MAILLOTS

~~~~~~

DESCRIPTIONS

Les *grands maillots* sont des systèmes d'enveloppement mouillé à surface étendue, embrassant tout ou partie du tronc et au moins deux membres. Ce sont : le Manteau espagnol, le Maillot supérieur, et le Maillot inférieur.

Le *demi-maillot*, — spécial au tronc à l'exclusion des membres, ayant été déjà traité complètement dans l'ouvrage intitulé « *Pour rester Jeune* », nous y renvoyons le lecteur. Du reste ce n'est déjà plus à proprement parler un grand appareil, aussi est-il loin d'exiger les mêmes précautions de surcouverture ; pour mieux dire, il n'en nécessite même pas du tout la plupart du temps (donc, abstention des édredons et multiples couvertures de laine dont il est parlé plus loin).

Les grands maillots s'emploient le plus souvent à froid, et à l'eau salée (1 poignée de sel dans 1 2 cuvette d'eau).

* *

Voici une bonne recette du manteau espagnol :

1°. — Grand peignoir de « toile à draps » (un peu assouplie), très ample, — avec un col que l'on puisse relever au besoin, et des manches dépassant les mains de 0ᵐ 25 au moins, — descendant à 0ᵐ 50 au-delà des pieds, de manière à envelopper *complètement* le patient ; on immerge ce peignoir, puis on le tord juste assez pour que l'eau n'en dégoutte pas ; il est souvent commode de le préparer la veille au soir, et on le met

Manteau espagnol (ou courte chemise entièrement mouillée).

Roux, éditeur, à Aurillac (0 fr. 80).

alors dans une pièce de laine ou un journal pour l'avoir tout prêt le lendemain matin (vérifier si la mouillure en est demeurée suffisante, et dans le cas contraire l'asperger d'eau froide au moment de l'emploi).

2°. — Un autre grand peignoir identique, mais en très grosse flanelle, ou mieux en laine, que l'on endossera par-dessus le premier.

Cet appareil est avantageusement complété par une *grande compresse dorsale* (o m. 28 sur o m. 80 ; 8 épaisseurs de toile mouillée).

* *

Maillot supérieur (ou demi-manteau espagnol). — Il embrasse tout le haut du corps, depuis le cou (y compris les bras) jusqu'à la naissance des cuisses. Parfois commode pour des applications partielles en hiver, ou si les membres inférieurs sont momentanément trops froids pour être compris dans l'enveloppement, ou si le haut seul est brûlant et réclame du frais, etc., Compresse dorsale en même temps (*ad libitum*).

* *

Maillot inférieur. — C'est une application fort utile en maintes circonstances, lorsqu'on juge qu'un manteau espagnol pourrait être excessif (constipation, excès de calorique aux jambes, congestion grave, forte insolation).

L'enveloppement va des aisselles aux pieds (inclus). Comme pour le manteau espagnol, on fera bien d'y joindre une compresse dorsale.

————————

Généralités. — MAILLOTS CHAUDS. — Dans les crises douloureuses (coliques néphrétiques ou hépatiques, coliques sèches, etc.), ou encore s'il faut une résolution préalable (cas ci-dessus, et fièvres infectieuses, quelques cas de rhumatismes, engorgements goutteux, etc,), ou enfin dans certaines atteintes de névrose aiguë par simple surmenage, les applications *chaudes* doivent précéder l'eau froide.

Roux, éditeur, à Aurillac (o fr. 80).

Lorsqu'elles sont importantes (grands maillots), on observera de ne pas les multiplier trop (car elles affaiblissent et peuvent même n'être pas sans danger) ; et on les alternera avec quelques pratiques froides (pour endurcir).

Celles de peu d'étendue se réduiront à des compresses épaisses, — ou mieux à des cataplasmes aux fleurs de foin échaudées (Kneipp). Voir *Pour rester Jeune*, 2ᵉ partie.

N. B. — On doit cesser définitivement les pratiques chaudes et s'en tenir à des applications froides, dès que la chaleur n'est plus *indispensable*.

* *

Voici le meilleur procédé pour obtenir chez soi un grand maillot chaud à point, — soit à l'eau pure, soit à une décoction (paille d'avoine, fleurs de foin, etc. Kneipp).

Préparation.

La décoction nécessitant 1/4 d'heure au moins d'ébullition, on la préparera d'avance dans une vaste marmite en fer ; on la laissera tiédir (pour ne pas se brûler les mains lors; de l'emploi).

Au moment d'opérer (figure ci-contre), on plonge le maillot dans le liquide chaud, on le tord, on le place sur un plateau (ou écumoire) en métal à claire-voie muni de 3 pieds, et on le recouvre d'un fort molleton laineux ; puis le dit paquet est introduit tel dans le vase à décoction et maintenu (ainsi que le gril-support) un peu au-dessus du liquide (de façon à n'y pas tremper), — et on l'y emprisonne hermétiquement au moyen d'un couvercle bombé s'adaptant bien sur le vase ; on porte alors à l'ébullition de nouveau, pendant 15 à 20 minutes ; et le maillot, directement exposé à la vapeur

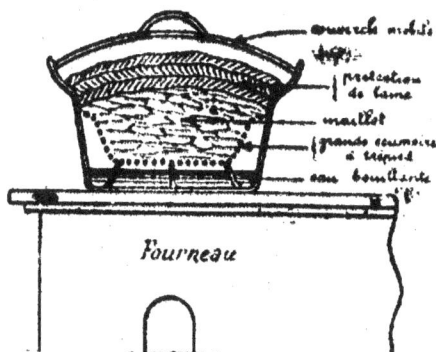

Fourneau

Roux, éditeur, à Aurillac (o fr. 80)

dans laquelle il baigne en entier, prend la température voulue. Alors le topique est prêt ; mais on ne le tire à l'air qu'au moment de l'employer, et on l'endosse brûlant.

———— •❋• ————

DÉSINFECTION DES MAILLOTS. — Dans les cas usuels, où il n'y a pas de contagion à craindre : 1° faire bouillir tous les *linges* pendant 1/4 d'heure dans l'eau, après usage ; 2° exposer les objets de *laine* au soleil ou au feu, jusqu'à dessiccation complète.

Lorsqu'il s'agit de maladies infectieuses, le mode à employer — pour les laines notamment, — doit être tel que tout danger de contamination soit écarté.

PROPRIÉTÉS ET APPLICATIONS
DES GRANDS MAILLOTS

PROPRIÉTÉS GÉNÉRALES. — On déconseille parfois les grands maillots pour les neurasthéniques, sous prétexte que cela peut les affaiblir ; nous croyons que c'est à tort :

D'abord pourquoi refuser à de malheureux *agités*, le bénéfice d'applications *calmantes ?* Cela ne tombe-t-il pas sous le sens ?

D'autre part, les maillots sont — pour ceux auxquels (comme dans l'espèce) les exercices d'entraînement et les boissons abondantes sont interdits (pour ceux qui suent difficilement, par conséquent). le meilleur sinon l'unique remède — aussi prompt qu'efficace. pour vaincre l'intoxication et l'état congestif chroniques, et aussi pour reconquérir l'eau nécessaire au calme.

Expliquons-nous, car la question en vaut la peine ; nous ne faisons du reste que répéter ce que Kneipp a formulé des milliers de fois :

a). — *Les maillots froids* (mode habituel) sont : 1° stimulants et fortifiants (évacuation des gaz et accélération de la circulation périphérique) ; 2° désaltérants, émollients et rafraî-

Roux, éditeur, à Aurillac (o fr. 80).

chissants (enlèvement d'un excès de calorique local ou général et restitution d'eau éliminée), d'autant mieux qu'ils invitent à boire de grandes quantités d'eau pendant la séance ; 3° révulsifs (à la façon d'immenses sinapismes, aussi doux et persuasifs qu'irrésistibles et puissants), des plus commodes pour le dégagement du haut du buste ; 4° dépuratifs et résolutifs (dépôts qu'un sang épaissi laisse dans les capillaires et les jointures) ; 5° enfin, sédatifs en raison même de tout ce qui précède (rétablissement de l'équilibre nerveux).

b). — *Les maillots chauds* (mode exceptionnel) sont débilitants, nous le reconnaissons ; en revanche ils sont émollients, dépuratifs et détersifs au premier chef, et à ce titre ils déblaient le terrain, suppriment les obstructions, rendent au sang sa fluidité, rétablissent le libre cours des fusées sanguines et préparent merveilleusement aux applications d'eau froide subséquentes ; ils sont très calmants aussi, cela se conçoit, et conviennent par suite en cas de surexcitation intense.

c). — Bien entendu, pour les maillots froids il faut (comme en toutes choses) du savoir-faire, et notamment :

1° Saisir le moment propice ; 2° ne pas abuser du procédé ; 3° alterner s'il le faut avec quelques applications chaudes (de temps en temps) *et surtout* avec des pratiques ravigotantes d'« eau vive » ; 4° si besoin est, réconforter et aguerrir au préalable par un régime « d'endurcissement » hydrothérapique graduel (lotions, compresses, etc., cas de malades très timorés ou affaiblis) (1) ; 5° enfin, avoir une alimentation bien comprise, capable de donner du nerf et facilitant la réaction.

---

(1) Les maillots partiels, compresses, panacées, etc. (voir » Pour rester jeune, 2° partie) sont précieux, également, comme transition immédiate lorsqu'on hésite à donner brusquement un grand maillot (cardiaques, asthmatiques, congestion ou bronchite graves, exaspération nerveuse, saison rigoureuse, etc.): bien souvent ils permettent les grands enveloppements aussitôt après, séance tenante et sans plus différer.

Roux, éditeur, à Aurillac (o fr. 8o).

*
* *

Les grands
maillots
sont souvent
indispensables
(rappel des
inconvénients
de
« l'eau vive »
mal
comprise) (1)
Voici donc les qualités typiques des maillots bien établies.
Premier point.

D'autre part : 1° dès que l'on a besoin d'éliminer, c'est-à-
dire de suer et d'évacuer (déjections solides, liquides et gazeu-
ses), les *dépuratifs* doivent intervenir ; 2° et il faut d'urgence
activer *l'élimination* lorsque le sang est vicié.

Or, l'état congestif, les étouffements et spasmes, l'obsession, l'énervement et la surexcitation, l'insomnie, — tous les
accès plus ou moins fébriles, influenza, coqueluche, maux
de dents, rhumatismes, etc., et jusqu'aux hémorroïdes (lorsqu'elles surviennent sans que l'on soit constipé atonique),
tous ces malaises (dont les neurasthéniques ne sont pas
plus exempts que les autres mortels, au contraire), sont toujours la conséquence : soit d'un surmenage, soit d'un empoisonnement lent, et très souvent des deux à la fois (tôt
ou tard). Ils ont pour causes premières : défaut d'assimilation et d'élimination ; constipation ; troubles sanguins et obstructions capillaires, sclérose ; fatigue nerveuse, désassimilation
trop rapide, et neurasthénie (insuffisance de liquides dans
l'organisme).

Ainsi les obstructions sanguines, — de même que l'af-
faissement nerveux, — nécessitent une purification, une
lévigation, une saturation et un rétablissement d'équilibre
avant l'intervention de vigoureux toniques externes (eau très
vive) ; on est ainsi conduit tout naturellement, à cette idée
de l'intervention de *moyens transitoires* émollients et dépuratifs : les maillots. — Et certes, s'il peut y avoir des inconvénients assez sérieux à administrer à brûle-pourpoint l'eau
froide « très vive » à des suralimentés hydrophobes mais
d'ailleurs robustes, à fortiori en serait-il ainsi à l'égard de
ceux (fort nombreux !) qui, souffrant peu ou prou d'engorgements ou de congestion, sont en outre neurasthéniques.

---

(1) C'est-à-dire : lotion forte, tub, bain ou douche, froids. Pour complé-
ments d'explications, voir « Pour rester Jeune, 2ᵉ partie ».

***

L'eau froide « très vive », employée sans cesse et d'une manière exclusive, ne convient à personne et aux neurasthéniques encore moins qu'à quiconque, surtout si l'eau n'atteint pas 14° à 16°.

Au contraire, les maillots ont leur raison d'être pour tout le monde lorsqu'il s'agira de résoudre des tares ou de calmer les nerfs. Ils ont, de plus, une vertu assimilatrice et antidéperditrice remarquable : soumettez aux maillots les affligés d'une voracité continuelle, et vous verrez de suite les effets de ce régime réparateur ; aussi sont-ils excellents pour ceux qui ne savent pas pratiquer la diète de jeûne à l'eau (1).

Pour le névrosé et le congestionné, un bon maillot vaut souvent mieux que le meilleur repas, ou plutôt il y prépare à merveille.

Conclusion sur l'utilité des grands maillots.

————— ·>·<· —————

PUISSANCE DES GRANDS MAILLOTS. — Examinons de plus près encore, tout le parti qu'on peut en tirer.

L'existence commence à décliner, à partir du jour où le sommeil (ce grand agent de formation et de préservation des forces) devient d'habitude insuffisant (2).

Or, l'insuffisance quotidienne du sommeil a pour causes fondamentales l'atonie organique, et l'imperfection des éliminations et des échanges : à partir d'une certaine heure de la nuit, la chaleur et le défaut d'exercice font que l'intoxication se déclare, fatale, et envahit graduellement le réseau artériel ; le jeu du tube digestif, l'échappement des gaz, s'arrêtent ; etc., etc... ; bref, c'est l'angoisse sous le coup

1° Le grand maillot rajeunit.

——————————————

(1) Voir *Pour rester Jeune*, 1re partie.

(2) Nous entendons par là, indistinctement : soit les nuits courtes où l'on s'éveille trop tôt, où l'on est chassé du lit avant l'aurore (sommeil léger des valétudinaires sains) ; soit au contraire les nuits interminables, au bout desquelles on se réveille brisé et plus fatigué que la veille (sommeil lourd des gens congestionnés, échauffés, et hypernutrifiés).

Roux, éditeur, à Aurillac (o fr. 8o).

d'un ralentissement subit et progressif des fonctions vitales.
A dater de ce moment, l'assimilation se fait de plus en plus
mal, en même temps que s'accentue l'empoisonnement :
fatigue corporelle et énervement, d'abord, puis refroidissement, destruction des cellules et état comateux.

Ceci admis, accordons à l'être échauffé, harassé, surmené, la grâce d'un *manteau espagnol*, et l'on sera stupé-
fait du résultat : à peine l'aura-t-il endossé, qu'il se trouvera
« dans le Paradis ». Donnons-le lui si possible lorsqu'il
commence à s'exaspérer et avant l'anéantissement (vers 1 à
2 heures du matin, d'ordinaire) ; et alors, au lieu de se retour-
ner sur le gril de saint Laurent qu'il ne connait que trop, il se
reposera aussitôt avec délices, mieux qu'il ne l'avait fait de
toute la nuit ; il se rendormira probablement ; et à son réveil,
après s'être débarrassé de l'appareil il pourra encore, sans
crainte de voir revenir la lassitude habituelle, se détendre un
bon quart d'heure dans ses draps avant de mettre pied à terre.

Que de gens, pour lesquels la nuit est une corvée quotidienne — et un objet de terreur quelquefois, aimeraient
à s'attarder au lit dans ces conditions-là !

Pourquoi cette métamorphose, cette transformation subite
et complète dans la *qualité du repos* : parce qu'immédiate-
ment, grâce aux maillots les renouvellements organiques ont
repris leur cours, avec une amélioration notable (1).

Un jour de réveil pénible, êtes-vous néanmoins obligé
de vous lever de suite : pour vous donner du courage, faites
une bonne lotion, ou même « tubez » — vous ou prenez un bain
froid à 18° (coup de fouet) si vous y tenez absolument.. Mais
n'abusez pas du procédé. Et lorsque dans les mêmes circonstances vous aurez plus de temps à perdre, un maillot (froid,
salé et bien mouillé) fera mieux l'affaire de votre pauvre corps.

Les maillots facilitent ou accélèrent les fonctions
capillaires ; ils équivalent en outre, pendant la durée de le--

---

(1) Notons que la « panacée hydrothérapique » *quotidienne* (avec quelques compresses et 1/2 maillots) produit le même résultat, elle aussi, et sans
autant d'embarras. Voire *Pour rester jeune* » 2e partie.

Roux, éditeur, à Aurillac, (o fr. 80).

application, au meilleur des sommeils. Rien d'étonnant dès lors qu'ils soient au plus haut point reconstituants.

C'est le calme qui fait vivre. Et l'humanité en manque de plus en plus.

* *

La conclusion ne s'impose-t-elle pas d'elle-même, pour des personnes très fatiguées *mais non totalement épuisées*, cancéreux, agités. cardiaques, asthmatiques et emphysémateux, rhumatisants, dyspeptiques, enfants scrofuleux ou rachitiques, vieillards, etc. : donnez une fois par semaine au moins, pendant une durée de 1 h. 1/2 à 2 heures, un *manteau espagnol* qui les enveloppera totalement, pieds et mains inclus ; vous accroîtrez à la fois leur vigueur et leur existence.

2° Cas de fatigue accidentelle ou de faiblesse constitutive; réveil des rhumatismes; surmenage ; etc.

Ce devrait être aussi le vêtement de prédilection, — la sauvegarde — des gens bien portants, mais n'ayant pas de temps à perdre : hommes d'affaires, écoliers, manouvriers ou excursionnistes (l'été surtout), occupés sans relâche et surmenés du matin au soir.

Le maillot sera chaud ou froid. suivant l'âge et les forces, la saison, l'opportunité ; — *le plus souvent il sera froid* (l'été en particulier). On pourra (s'il y a lieu) se borner à un maillot « inférieur » ou « supérieur », ou à « 1/2 maillot ».

P. S. — Hors le cas de tares anciennes exigeant un traitement énergique et prolongé, ou encore celui de crises graves, rappelons que la « panacée hydrothérapique » pratiquée *assidûment* (et complétée par un régime alimentaire raisonnable) peut dispenser, dans la vie habituelle, des grands emmaillotements. dont l'aspect n'a rien d'attrayant.

* *

La température normale du corps (prise sous l'aisselle), est de 36° à 37° 6 ; il y a fièvre légère jusqu'à 38° 5 ; au-dessus de 40°, surtout s'il y a persistance, la fièvre est grave. Cette constatation est de la plus haute importance, comme guide pour ce qui suit (on se servira d'un thermomètre à maxima).

3° Cas de fièvre infectieuse (influenza, etc.) et cas de fièvre simplement

Roux, éditeur, à Aurillac (o fr. 8o).

nerveuse, —
avec ou sans
complications
(crises
urique ou
rhumatismale,
fièvre chaude,
bronchite,
méningite,
insolation,
etc.)

Les grands maillots (de préférence le manteau espagnol),
sont d'un effet radical dans tous les cas fébriles (avec ou sans
intoxication). Exemples : il suffit de deux applications (bien
données), pour conjurer l'influenza au début ou pour étein-
dre une crise de nerfs aiguë.

A. — Avant d'aborder de plus près ce sujet des *fièvres*, spé-
cifions qu'il peut se présenter *deux cas généraux bien distincts*
dont il faut se préoccuper en premier lieu, et *qu'il importe de
ne pas confondre* :

1° La fièvre peut être *infectieuse* (frisson, crainte du froid,
tête lourde, céphalée, langue épaisse, gorge enflammée,
haleine forte, amygdalite, angine, etc.) ;

2° La fièvre peut être *simplement nerveuse*, avec besoin
de réfrigération plus ou moins intense et état congestif (irri-
tation du plexus solaire, surexcitation cérébrale, faiblesse,
atonie, surmenage, insolation), et pouvant dégénérer en fièvre
cérébrale ou *méningite* (surtout si l'estomac n'est pas libre).

Le premier cas nécessite : une *diète absolue* (pour com-
mencer), et des émollients, des dépuratifs, des sédatifs ;

Le deuxième ne demande que des calmants et des révulsifs, — et il permet une alimentation légère et stimulante,
douce et suffisamment réparatrice, graduée (comme composi-
tion et volume) sur l'acuité de l'accès.

Dans les deux cas, il faut assurer la parfaite liberté du
tube digestif (par des lavements, au besoin). —

Il y a entre ces deux catégories de fièvres, une différence complète ; et si de la première on peut passer à la
deuxième (par désinfection et jeûne), ce n'est qu'après purification préalable.

Cependant on le verra, le traitement hydrothérapique en
est à peu près le même (avec cette seule différence que la
névrose simple ne réclame presque jamais des applications
chaudes, au contraire) : en effet, — hors la complication d'une
faiblesse extrême où il faudrait alors momentanément se limiter à des lotions douces et à des compresses, — ce sont toujours les grands maillots qui, de suite, donnent le meil-

Roux, éditeur, à Aurillac (o fr. 80).

leur résultat. Seulement lorsqu'il n'y a pas d'infection l'enveloppement peut laisser les bras libres (si la fièvre n'a rien d'inquiétant), tandis que le manteau espagnol *complet* est constamment de rigueur contre l'intoxication.

B. — Pour de grands malades, on s'assurera que les jambes et les pieds sont en bonne température ; sinon, il faudrait d'abord : soit administrer un bain de pieds chaud (si l'on en a le temps et les moyens), soit fractionner le traitement hydrothérapique et se borner d'abord à des compresses simultanées (dorsale et gastro-intestinale) ou au demi-manteau espagnol, en attendant que le réchauffement du bas du corps ait eu lieu (naturellement) ; — et ce n'est qu'ensuite, que l'on songerait au manteau complet.

Il faut en outre saisir le moment opportun :

a). — Si le malade est sec, brûlant, énervé, agité, anxieux : le grand maillot, de suite, sera le bienvenu: car le feu est à l'intérieur, mais l'épiderme fonctionnant mal il faut d'abord des détersifs pour que le malade puisse boire à son aise.

En l'absence d'intoxication grave, ce maillot sera froid : mais en cas de fièvre infectieuse bien déclarée, il faudra toujours au moins un premier maillot chaud ; — et même sans infection, si le sujet est frileux, courbaturé par la fièvre, ou fatigué par un manque prolongé de repos, de sommeil ou de nourriture, on recourra aussi parfois (même l'été et à fortiori l'hiver) à un premier maillot chaud (mais tous ceux qui suivront, le cas échéant, seront froids).

On n'omettra pas de faire fondre une poignée de sel dans l'eau pour le premier maillot — s'il est froid, et pour toutes les applications froides subséquentes.

b). — Si au contraire la nature a commencé d'elle-même à opérer ; — s'il s'est produit une bonne suée, et que le malade tout en nage (avec ou sans éruption) soit atone, faible et anéanti, plutôt que surexcité ; s'il réclame à boire; etc. : alors on se gardera d'intervenir pour l'instant (un grand maillot troublerait et pourrait même ne pas être supporté dans certains cas de faiblesse) : il faudra rasséréner par des compresses dorsales froides, — avec au besoin une lotion douce rapide

Roux, éditeur, à Aurillac (o fr. 8o).

(au premier indice d'excès de chaleur). — après quoi ayant bu
encore, il est probable que le malade s'assoupira derechef pendant une bonne heure. Ce n'est donc qu'au réveil, si l'anxiété,
la sécheresse, l'excès de calorique et l'énervement reparais-
sent, que l'on songera au manteau espagnol.

c). — Une fois entré dans la voie des applications *froides*,
on les continuera contre la surabondance du calorique
mais en les faisant de plus en plus légères (en cas d'agacement
on donnera la préférence aux compresses, et même aux maillots inférieurs si le malade les supporte).

De temps en temps pour délasser, conjurer l'énervement
par fatigue ou insuffisance d'alimentation, — et aussi pour
restituer un peu de chaleur s'il le faut, — on pourra essayer
encore un maillot chaud. mais avec prudence et pas plus
d'une heure (à moins que le patient ne s'y endorme ou ne
veuille y rester davantage).

En somme, dès que la période aiguë est passée il faut autant que possible se borner à de petits moyens (immersions
dorsales, compresses dorsales, demi-maillots, lotions, etc.) ;
la « panacée » jouera aussi un grand rôle.

Ainsi viendra la convalescence.

On rappelle que dans les *fièvres infectieuses*, les *essais an-
ticipés d'alimentation* ne font que retarder la cure (1).

P. S. — Les *bains de vapeur*, judicieusement appliqués,
peuvent donner en cas d'infection des résultats plus rapides
que les maillots ; mais comme ils exigent beaucoup d'à-propos
et une grande expérience, — et qu'il faut d'autre part que le
sujet soit assez résistant, on ne les appliquera pas sans le
secours d'un praticien consommé.

---

(1) Donc : ni lait, ni fruits, ni bouillons, etc. ; pas de sucre ni de sucreries,
pastilles ou tablettes, etc. : pas même d'eaux minérales, limonades, vins,
cordials, menthe, mélisse, etc. : pas non plus de cachets, potions, remèdes,
tisanes, thé, café, etc.,etc. *Rien que de l'eau pure*, à satiété, plus ou moins fraîche ou chaude.

Roux, éditeur, à Aurillac (o fr. 80).

Enfin, les maillots sont le spécifique de toutes les infirmités humaines résultant de la « rouille du sang », des engorgements, et de l'accumulation d'impuretés (congéniales ou accidentelles).

Pour conjurer les maladies violentes, et aussi pour lutter victorieusement contre les tares naissantes ou pour reconstituer un organisme empoisonné — ou surmené, — la puissance des emmaillotements est telle à nos yeux, que nous la considérons comme souveraine en toutes circonstances et avec tous les sujets, surtout si l'on sait en compléter les effets par une hygiène appropriée.

Seulement il faut savoir — ou pouvoir — procéder à temps, proportionner la vigueur des moyens aux forces du malade ou à la violence du mal, les graduer, — les atténuer ou les fractionner tout d'abord s'il y a lieu, ou au contraire les prolonger plus ou moins, les multiplier et les renouveler avec énergie lorsque cela est nécessaire. Et lorsqu'on se heurte à un insuccès (sans que la mort fût de prime abord certaine et inévitable aux yeux de tous), c'est non pas le topique qu'il faut incriminer alors, mais bien l'homme de l'art. qui a manqué *d'intuition*.

L'intuition est un don merveilleux issu de la délicatesse des sens et de l'esprit de réflexion : elle fait saisir au vol une énigme, et deviner l'être ou le phénomène ; par elle on pressent les événements, avec assez de netteté pour en tirer parti ou les déjouer aussitôt. Entre les mains d'un praticien consommé, — supposé doué en outre de ce privilège de longue vue, les *maillots et compresses* (complétés à point par l'« eau très vive ») peuvent être d'une efficacité complète. — Les autres applications hydrothérapiques douces sont sans doute de bons auxiliaires. mais leur valeur n'est pas comparable : la *lotion* notamment, beaucoup trop brève dans ses effets. a surtout comme inconvénient majeur d'être énervante si elle n'est pas très bien donnée.

Est-ce à dire qu'il ne faille plus que des maillots ? Nulle-

Roux, éditeur. à Aurillac (o fr. 8o).

ment ; mais encore une fois, c'est par les « calmants » qu'il faut débuter lorsqu'on s'adresse à des organismes troublés ; et l'on doit en faire la base des traitements importants.

MODE OPÉRATOIRE

Choix du moment.

Il importe de ne prendre les grands maillots que lorsqu'on est à jeun, autant que possible.

Le meilleur moment est la nuit. au premier réveil ; sinon le matin, à la première heure du jour. A défaut (ou en cas d'urgence). on peut encore y recourir 1 h. 1 2 avant le diner : — ou enfin vers 4 ou 5 heures du soir (en guise de collation), pourvu que le diner soit à peu près liquidé (rare), et alors il faudra tenir la *tête très haute.*

De jour. on bassinera le lit si l'on n'est pas très réchauffé d'avance.

Pendant les fortes chaleurs ou si l'on manque de temps, on peut aussi prendre le manteau espagnol le soir en se couchant pourvu que la digestion soit en bonne voie (on tiendra la tête très haute) ; c'est même un excellent moyen d'avoir une nuit calme, lorsqu'on est brûlant et mal à l'aise en se mettant au lit ; — mais il faudra le cas échéant, s'astreindre à ne découvrir la literie que graduellement — une fois sorti du maillot (si l'on ne change pas de lit). le manière à ne rejeter tous les suppléments que 2 heures après, lorsqu'on aura *complètement séché* les draps. — Et qu'on ne vienne pas prétendre que ce procédé trouble le sommeil des malades ; c'est tout le contraire : le premier somme, en maillot, est assez profond déjà ; mais c'est ensuite que l'on dort, pendant toute une longue nuit ! — Toutefois si le maillot était donné chaud, il faudrait une lotion totale froide aussitôt après (avant de se rendormir) ; et de toute façon qu'il soit froid ou chaud, une « panacée hydrothérapique » ou un « dos frais », seront salutaires ensuite.

***

Mise en maillot.

MANTEAU ESPAGNOL. — Chambre non chauffée (sauf en hiver rigoureux), et plutôt aérée (par un vasistas).

Roux, éditeur, à Aurillac (o fr. 8o).

Comme outillage : une veilleuse (à huile) pour l'eau chaude
et un verre pour l'eau froide (à boire) ; l'appareil du maillot,
tout prêt (avec compresse dorsale) ; 5 à 6 couvertures de laine
supplémentaires, et deux édredons de plumes (l'un pour les
pieds, l'autre pour le reste du corps) ; un oreiller en balle
d'avoine ou en crin végétal ; une pièce de laine (sorte de couverture de bébé), spéciale pour les pieds ; une petite lampe
sourde (ou lumière du jour très atténuée).

Un aide sera utile en la circonstance.

a). — Le malade étant décidé (le plus tôt possible est le
meilleur pour ne pas s'éterniser au lit) et ayant bu de l'eau (plus
ou moins chaude) si cela lui convient (après un rince-bouche
sommaire), saute à bas du lit, tout nu (chambre obscure) ; et sans
même ouvrir les yeux il se frictionne aussitôt vivement avec les
mains sèches — ou un torchon rude, une lanière de crin, une
brosse de cuisine, etc. (1) ; il endosse ensuite le maillot de toile
(mouillé), puis celui de laine, regagne sa couche et s'y étend
de tout son long tandis que l'aide tire les enveloppes en lon-
gueur de façon à leur faire dépasser les pieds (il a d'avance
disposé sur le drap la pièce de laine destinée à surcouvrir
ceux-ci) ; on enrobe *isolément* chaque jambe et le pied (y compris la plante), dans le pan mouillé qui lui correspond ; puis
(en procédant des pieds vers la tête) on revêt les 2 jambes
ensemble avec les pans de laine, — celui de droite d'abord
puis le pan de gauche, — en les retournant bien autour des
pieds de manière à les emprisonner et complétant de
suite leur protection par la surcouverture de laine spéciale
(rabattue sur les pieds et retournée des deux côtés sous les
mollets) ; on continue de la sorte pour le tronc et le haut
du corps, — pan de droite puis pan de gauche de chaque
peignoir (l'un après l'autre), — en étirant bien le tout (sans
trop serrer cependant), et en remontant en même temps au

_____

(1) Si certaines parties du corps sont plus particulièrement rebelles à la
réaction ou craintives (abdomen, épigastre, reins en cas de néphrite, rhumatismes, etc.) on fera bien de les frictionner plus vigoureusement que le reste
du corps, et en outre on les vaselinera.

Roux, éditeur, à Aurillac (o fr. 80).

fur et à mesure la couverture de literie de manière à garantir sommairement ce qui est déjà prêt ; finalement, on achève l'enveloppement de la poitrine (double épaisseur mouillée sur le cœur) et du cou, toujours allant de droite à gauche puis de gauche à droite (tant pour le peignoir de toile de dessous que pour celui de laine qui le recouvre). On a pris soin de glisser lestement la compresse dorsale — à même la peau — sous le patient (depuis la naissance des jambes, jusqu'entre les omoplates).

On rajuste alors, — méticuleusement, une à une, — les couvertures habituelles autour du cou et des épaules, en les retournant à chaque fois sous celles-ci de manière à *ne laisser aucun « soufflet »*.

Toute cette première phase. depuis la descente du lit jusqu'au recouvrement complet, ne doit pas durer plus de 5 minutes (c'est facile).

b). — Ceci fait, il reste à mettre (de la même façon, identiquement) la surcouverture (c'est-à-dire cinq à six épaisseurs de laine, et deux édredons), en allant toujours des pieds vers la tête. Enfin on glissera, entre la tête et l'oreiller, un écran de grosse toile fraîche (et sèche) un peu épais (à moins que l'emmailloté ne proteste).

Si la gorge est enflammée, on relèvera les cols des deux peignoirs, et l'on entourera en outre le cou d'un ample « cache-nez » (en laine), *non serré*.

Tout étant achevé, le patient boit encore s'il le désire puis s'incline légèrement à droite et, — très convenablement garanti aux épaules ainsi qu'il a été expliqué, — essaie de dormir.

*
* *

Précautions et Recommandations diverses.   Pour éviter tout risque de congestion ou d'énervement :

1°. — Il ne faut pas que la personne soit serrée, - ni en long, ni en large (poitrine et pieds) ; qu'elle ait plutôt une certaine liberté de mouvement, la possibilité de s'allonger ou même de se soulever sur le coude. et la facilité de respirer à l'aise ; c'est une *condition essentielle*.

Roux. éditeur. à Aurillac (o fr. 80).

Quant au mode (sus-décrit) d'enveloppement du buste avec les pans des 2 peignoirs, — de droite à gauche puis de gauche à droite (de manière à atteindre à chaque fois jusqu'aux flancs en prenant tout le devant du corps à deux épaisseurs), il a pour but de permettre que la position (habituelle) sur le côté droit ne défasse pas l'appareil ; c'est une petite précaution qui n'est pas inutile.

2° Dès le début, l'aide aura interposé sous le traversin l'oreiller long supplémentaire (en balle d'avoine), de façon à *tenir la tête haute* (important). Ce sous-oreiller pourra plus tard être utilisé directement sous la tête.

La tête et le cou seront bien dégagés : *interdiction absolue de faire monter l'édredon jusqu'au cou*, il doit s'arrêter aux épaules, *inclusivement*.

Placer sous le menton une serviette de toile sèche, déployée par-dessus la literie et entourant le cou (pour donner un peu de fraîcheur, garantir le visage du contact désagréable de la laine, et surtout éviter des courants d'air à la nuque).

3° On fera silence et demi-obscurité ; on chassera les mouches, on évitera de tenir conversation, on ne parlera jamais qu'à voix basse et le moins possible, on marchera sur la pointe du pied, etc., — de telle sorte que le malade ne soit pas arraché à sa torpeur primitive et puisse se rendormir le plus vite possible ; on lui offrira encore à boire (plus ou moins chaud ou froid à son gré) ; — et toutes ces précautions prises, *on le laissera seul*, sauf à rentrer dans la chambre à son premier appel. — En général, s'il se rendort (ce qui est le desideratum), ce sera pour une durée de 1 h. 1/2 au moins.

4° Si le malade éprouve quelques *coliques*, il essaiera de changer de côté (éructations), il se soulèvera, il boira de l'eau très chaude, il se couchera à plat ventre (souvent fort efficace), etc. S'il ressentait (par extraordinaire !) une *angoisse indéfinissable*, — bouffées de chaleur, coliques d'estomac ou d'intestin, frissons, — ou des nausées, des renvois, du spasme, menace de syncope, etc., etc., il faudrait : *vérifier qu'il n'est pas trop serré* dans sa double enveloppe, lui *relever la tête* et la soutenir par un tampon *pour qu'elle ne penche pas en ar-*

Roux, éditeur, a Aurillac (0 fr. 80).

rière, passer la main mouillée sur le cuir chevelu (si l'on y consent), dégager le cou s'il y a lieu ; on conseillerait aussi de changer de position, de se mettre sur le côté droit (et non à plat dos), de se soulever même à demi un instant, et de boire (plus ou moins chaud), etc. — Un moyen très efficace encore lorsque le 1er contact froid (gastro-abdominal) semble insupportable, consiste à glisser vivement sur la partie sensible (épigastre et ventre) un molleton laineux très chaud par-dessus le maillot ; ou simplement, à y appliquer les bras et les mains (pour y amener un regain de chaleur).

Vers la fin de l'opération, on pourra dégarnir légèrement le buste si le malade *insiste* à ce sujet, — sauf à redoubler de vigilance ; on lui offrira aussi de renouveler l'emmaillotement tout entier s'il parait en situation d'en avoir besoin (forte fièvre), — ou du moins la compresse dorsale (comme délassement ; — de toute façon, il boira al rs volontiers ; etc., etc. (1).

Les incidents vraiment pénibles sont rares lorsqu'on est à jeun, surtout si l'abdomen et l'épigastre ont été bien frottés et vaselinés au préalable ; mais il faut les prévoir (2) ; ajoutons qu'avec la moindre présence d'esprit ils ne durent guère, *c'est au commencement de la séance qu'ils se manifestent*, ils dénotent d'ordinaire un grand besoin de boire (tôt ou tard).

5° Chaque fois qu'un emmailloté sort d'un somme ou se remue, il faut (autant que possible) : vérifier que le cou ne soit pas dégarni, dégager la tête et abaisser ou aplatir au besoin l'édredon tout autour, offrir à boire ; et la première fois, on fera bien de glisser entre la tête et l'oreiller un nouvel ecran de toile. et aussi on proposera de passer la main mouillée sur le cuir chevelu (nuque en particulier) si la tête chauffe.

6° Relativement à la boisson, elle sera surtout nécessaire

---

(1) Lorsque la gravité du mal ne permet pas à la personne de se mouvoir ni de dire ses besoins, il faut lui venir en ai et s'efforcer de deviner ses soucis ; on lui soulèvera le buste et soutiendra la tête pour boire ; etc.

(2) Au surplus, en cas d'indécision (fondée) sur l'opportunité d'un manteau espagnol pour des sujets mal disposés ou mal préparés, on pourra songer aux *moyens transitoires immédiats* (compresses. panacée, etc.) dont il a été dit un mot au début (Généralités).

Roux. éditeur, à Aurillac (o fr. 80).

vers la fin de l'application ; on ne l'offrira au malade que lorsqu'il semblera se réveiller ; et on la lui donnera, à chaque fois, *juste à la température désirée*. Pour des cas un peu sérieux, — fièvres, tares, diathèses, constipation opiniâtre. — la quantité totale d'eau pure ainsi absorbée dépassera facilement un litre et ira quelquefois jusqu'au double, dans une seule séance.

* *

On croit devoir insister sur cette question fondamentale. Récapitulons :

Importance de la surcouverture.

Les jambes et les pieds doivent être garantis d'abord et d'urgence, et en toute circonstance ils ont particulièrement besoin d'une sérieuse protection. En principe, on aura donc en sus du double maillot : un supplément (en grosse laine) à même autour des pieds, puis la couverture de literie habituelle (nombre d'épaisseurs variable suivant la saison), puis 5 à 6 bonnes couvertures complètes (en laine) supplémentaires, et enfin un (ou deux) édredons de plumes allant depuis la plante des pieds (avec retour contre le bois du lit, comme du reste toutes les couvertures) jusqu'au cou (exclu) ; on tassera les édredons à la main pour supprimer les vents coulis, et (de même que les couvertures) on les enroulera méthodiquement sous les épaules ; mais les couvertures seules monteront jusqu'au menton et à la nuque.

Dans les longues séances au lit, on ne doit pas craindre d'exagérer la couverture, surtout si la transpiration est nécessaire (cas infectieux). C'est important, pour le début surtout : comme il s'agit de provoquer une réaction et un appel de chaleur vers les parties mouillées, il faut faire en sorte *d'avoir chaud* ; sans cette précaution l'on courrait risque d'obtenir l'inverse de ce qu'on souhaite.

L'impression d'un refroidissement graduel après la première demi-heure, voilà ce qu'il faut éviter dans les grands emmaillotements.

Le danger n'est pas au moment même où l'on revêt le maillot (à moins de lanterner d'une façon ridicule) ; mais

Roux, éditeur, à Aurillac (o fr. 80).

c'est plus tard, pendant que la réaction s'opère au sein de l'humidité. C'est alors qu'il faut se tenir bien chaudement. (Nous rappelons que cette prescription est spéciale et exclusive aux grands maillots, et qu'elle ne vise pas même le cas du demi-maillot).

Mais en revanche, *le grand maillot doit être copieusement mouillé* (un appareil trop tordu déterge mal, s'échauffe vite et peut fatiguer).

En somme, on s'efforcera d'observer une juste mesure, — en tenant compte de la constitution du sujet (capacité calorifique), de son besoin variable de réfrigération, du degré de gravité du cas et de son caractère infectieux ou non, de la température ambiante, etc.

*
* *

Durée de l'application.

A. — Logiquement, on ne devrait jamais quitter un grand maillot avant que la chaleur ait bien gagné les pieds et que le cerveau soit libre (alors l'intestin se détend aussi, et l'on éprouve le besoin de *s'allonger sur le dos* pour dormir ou au moins s'assoupir)(1) ; en attendant, il faut patienter et demeurer dans l'enveloppe le plus longtemps possible (tant que les pieds ne sont pas encore brûlants), en s'efforçant de sommeiller ; — garder le silence (autant que l'obsession le permettra) (2).

Dans ces conditions, pour opérer à souhait avec des sujets tarés mais ayant assez de ressort, on peut être parfois conduit à maintenir l'emmaillotement pendant 2 h. 1 2 à 3 heures même, si la réaction est lente ; mais ceci s'applique plutôt à des adultes (les enfants ne s'accommoderaient guère d'une aussi longue durée, et du reste ils s'endorment aussitôt et ne font qu'un somme).

---

(1) C'est une règle générale pour toutes les opérations d'hydrothérapie douce importantes (bains chauds, grands maillots, etc) : on ne devrait les considérer comme bien faites que *lorsque toute préoccupation ou impatience a « fui par les pieds »*, *et que l'état somnolent est venu, suivi enfin lui-même du bon réveil (tête légère)*.

(2) Si le malade insiste pour se débarrasser d'une idée tenace, pour donner un ordre ou faire une recommandation, dicter un mot, une lettre, une note, etc., il faut condescendre à son désir ; mais on lui imposera de longues pauses, de manière à le soulager et non à le fatiguer. Pas de travail soutenu.

Roux, éditeur, à Aurillac (o fr. 80).

Si le sommeil gagne l'emmailloté, tout est pour le mieux et il n'y a qu'à attendre ; dans le cas contraire, tant qu'il n'est qu'assoupi le malade aura besoin de boire de temps à autre, entre deux sommes. Quoi qu'il en soit, il est entendu qu'on le laissera tranquille (porte close), et qu'on n'interviendra jamais que s'il appelle.

B. — C'est surtout vers la fin de la séance — après la première heure, que se développe l'action révulsive et dépurative ; et c'est aussi à ce moment qu'on désire boire.

Aussi, dans tous les cas un peu sérieux (grande lassitude, engorgements, névrose, fièvre), devra-t-on bien se garder d'abréger la durée totale à moins de 1 h. 1/2 à 2 heures : mais évidemment, dans l'intervalle rien n'empêchera de renouveler tout ou partie de l'appareil s'il le faut (la compresse notamment), au bout de 3/4 d'heure à 1 heure, s'il y a excès de calorique (forte fièvre ou énervement extrême), comme il a été expliqué plus haut (Précautions et recommandations diverses, 4°).

C. — Par contre, on pourra être amené à se contenter de 1 heure ou même de 3 4 d'heure en tout :

a). — Pour des applications quotidiennes pendant une certaine période ;

b). — Si pour un motif quelconque (en hiver surtout) après 1/2 heure au moins d'essai et malgré des boissons très chaudes et toutes précautions utiles, on a lieu de craindre un manque de réaction (extrêmement rare avec les maillots froids) ;

c). — Enfin, lorsqu'il ne s'agira que de *délasser* une personne bien portante mais surmenée, ou frappée d'insolation légère, etc (en outre la réaction étant alors facile et le rafraîchissement surtout désirable, on évitera de couvrir à l'excès le buste) (1).

P.-S. — Un diagnostic assez sûr du moment où l'on doit quitter le lit (une fois démailloté), c'est lorsque l'urine est redevenue complètement incolore (après avoir bu suffisamment).

---

(1) Les jambes et les pieds nécessitent *toujours* un édredon de plumes.

Roux. éditeur, à Aurillac (o fr. 80).

*
* *

Après l'application.   **A.** — Si pour un motif quelconque on doit demeurer au lit quelque temps encore, il ne faut enlever de suite que les édredons de plumes ; mais le reste des couvertures sera maintenu intégralement, pendant deux heures au moins, *jusqu'à ce que la literie soit parfaitement séchée* (ceci n'aurait plus de raison d'être, évidemment, si l'on changeait de lit pour en prendre un autre, sec et bassiné).

Sous cette réserve, on aura souvent intérêt à se délasser 1 2 heure durant au lit (avec une chemise sèche et sur compresse fraiche), après une application *peu prolongée* ; et l'on songera à boire de nouveau, si besoin est. Si au contraire la séance a été excessive, on procèdera néanmoins de même ; mais en outre il faudra tout d'abord réveiller l'épiderme (délavé, flasque, atone), par de vigoureuses frictions générales à la brosse de cuisine ou au gant de crin (cas d'un sommeil très prolongé — et lourd — en maillot non renouvelé, notamment) ; — et une pratique ravigotante d' « eau très vive » ensuite, sera désirable (voir ci-après). D'une manière générale du reste, *après une longue séance en maillot*, une immersion dorsale froide (si l'on se lève) ou 1/2 heure de compresse dorsale froide (si l'on reste couché), donnent un excellent résultat ; — après un maillot chaud, à fortiori, et même une lotion totale froide s'impose alors (de suite, ou peu après) surtout si l'on doit séjourner au lit.

Enfin les vaillants auront souvent (disions-nous plus haut) le désir d'un *tub* au saut du lit (lorsqu'ils auront eu bien chaud pendant l'application) ; c'est excellent pour retrouver du nerf, mais il faut pouvoir le supporter ; le cas échéant, on procèdera lestement et sans perdre de temps une fois debout ; — une bonne friction sèche *préalable* sera néanmoins salutaire à ce moment (on se rhabille tout mouillé, voir *Pour rester Jeune*, 2ᵉ partie).

Cette *succession du froid au chaud* (pour la réaction), est *de rigueur absolue dans toutes les pratiques nettement chaudes*, telles que bains de vapeur, bains chauds, maillots chauds :

Roux, éditeur, à Aurillac (o fr. 80).

l'utilité de réconfortants froids ensuite (maillot froid, drap mouillé, lotion, tub, bain à 14°, etc.) est évidente. (Voir pour plus amples détails l'ouvrage sus-indiqué : *Pour rester Jeune*, 2ᵉ partie).

B. — Il est commode de se débarbouiller la ligure avant de se débarrasser du maillot (étant encore au lit, par conséquent).

En hiver, au moment du lever on chauffera convenablement la chambre. On s'habillera vite, on endossera un léger pardessus (de supplément), et l'on vaquera à ses occupations (sans s'asseoir) pendant 1/4 à 1/2 h. (variable suivant la saison), etc.

N. B. — On croit devoir, insister ici sur la *nécessité d'une surcouverture (au lit ou levé), après une opération d'eau importante* ; l'insuffisance de protection peut, pour le moins. donner de l'agitation et conduire à manger trop tôt, trop vite et trop. C'est particulièrement impérieux si l'on doit s'immobiliser bientôt (au lit par exemple, ou assis) ; il faut éviter tout refroidissement pendant la réaction, alors qu'on est encore humide ; et c'est bien dans ces conditions, que peut s'appliquer le proverbe : *il vaut mieux risquer de suer que de grelotter.* — On aura toujours le loisir de se dégarnir plus tard, si l'on est incommodé.....

On ne tardera pas trop à manger, — d'où l'utilité de faire l'application non loin de l'heure *habituelle* des repas ; toutefois on n'y mettra aucune précipitation, et l'on boira (si besoin est) de l'eau en attendant (cesser 1/4 d'heure avant de manger). — Si l'appétit est indécis (fréquent), on n'insistera pas et le repas sera léger (régime végétarien).

⁂

MAILLOTS INFÉRIEUR OU SUPÉRIEUR. — Même mode de procéder que pour le manteau espagnol ; bien entendu, on ne surcouvrira que la partie du corps emmaillotée.

D'autre part, il importe de *ne pas mettre l'épiderme en cou-*

Roux, éditeur, à Aurillac (o fr. 80).

tact direct avec la laine (cela échauffe et déprime) ; aussi fera-t-on en sorte que l'enveloppement protecteur immédiat (en laine) par-dessus le maillot mouillé, ne dépasse pas les limites de celui-ci de plus de 0,15 à 0 m. 20 dans tous les sens. —

Le *maillot inférieur* se constituera généralement au moyen d'une couverture de laine étendue sur le lit, par-dessus laquelle on appliquera un drap mouillé ; le patient s'allongera sur cet appareil, et on l'en enveloppera aussitôt comme il a été expliqué (avec toutes les précautions désirables, y compris la surenveloppe pour les pieds et l'édredon retourné contre la plante des dits).

Après un maillot inférieur, au lever il est bon de se laver les bras et les épaules ; en attendant, l'immersion dorsale ou la compresse seront toujours utiles, surtout après une longue séance (voir ci-dessus, A).

Avec le maillot supérieur, mêmes règles encore ; la seule différence est que la lotion (au lever) sera pour les membres inférieurs (jambes et pieds), au lieu des bras et des épaules.

QUESTIONS D'OPPORTUNITÉ ET AUTRES. — Avec des sujets habitués à ce genre d'hydrothérapie, il est bon d'ouïr au jour le jour (sans toutefois avoir l'air de les provoquer trop ouvertement) les doléances individuelles, de manière à connaître — sans forcément les admettre, — les préférences et répugnances de chacun, ainsi que les désiderata quotidiens sur l'opportunité, l'ampleur, la température, etc., des applications d'eau qu'on a l'intention d'imposer.

On rappelle qu'il ne faut pas que les pieds soient glacés. Enfin un refroidissement prolongé, une longue exposition à un vent violent, — ou à la bise, à la pluie, — doivent aussi faire ajourner momentanément l'emploi d'un grand maillot froid.

Comme en raison de son ampleur et de sa vertu soporifique, un grand maillot refroidit toujours un peu, il faudra ne pas être astreint ensuite à rester longtemps immobile dans la

Roux, éditeur, à Aurillac (0 fr. 80).

matinée, s'il fait frais ; d'autre part, c'est un calmant cérébral qui ne prédispose guère à la reprise immédiate d'un travail intellectuel assidu. Pour ces deux motifs, ceux qui n'ont pas de temps à perdre et qui n'emploient le maillot qu'à titre facultatif pour se retremper de temps en temps, feront bien de consacrer à cet effet les matinées des jours de congé (ou le moment du coucher si les loisirs font défaut).

Il ne faut pas abuser des grands maillots. — Ils engourdissent ; et ils peuvent même donner quelque congestion s'ils sont chauds ou mal appliqués. Ils délassent d'une façon souveraine, mais c'est souvent au prix d'une petite dépression ; aussi en traitement suivi (mais non intensif pour cas de crise aiguë), fera-t-on bien d'en limiter le nombre : s'ils sont froids, à 2 au plus par semaine ; et s'ils sont chauds, à 2 par mois.

En hiver, lorsqu'on est astreint à pratiquer assidûment le manteau espagnol froid pendant une certaine période, il est bon de prendre une ou deux fois par mois un maillot bien chaud, — ou mieux un bain chaud ordinaire si l'on peut le supporter.

N. B. — Deux mots de la *couverture normale* : d'une façon permanente, au lit ou debout peu importe, il est toujours prudent d'être bien couvert si l'on doit être privé de mouvement pendant longtemps. C'est en outre utile lorsqu'on est tenu à des pratiques d'eau soutenues, — soit à cause de celles de la veille si elles étaient importantes et réfrigérantes, soit en vue de celles qu'on peut être amené à faire ultérieurement et qui nécessiteraient un certain degré initial de chaleur organique pour être affrontées (voir pour amples détails *Pour rester Jeune*, 2ª partie).

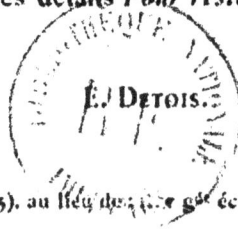

E. J DETOIS.

ERRATUM. — A la légende du croquis (page 5), au lieu de : « ... gde écumoire à trépied, lire : gde écumoire sur trépied ».

Roux, éditeur, à Aurillac (o fr. 80).

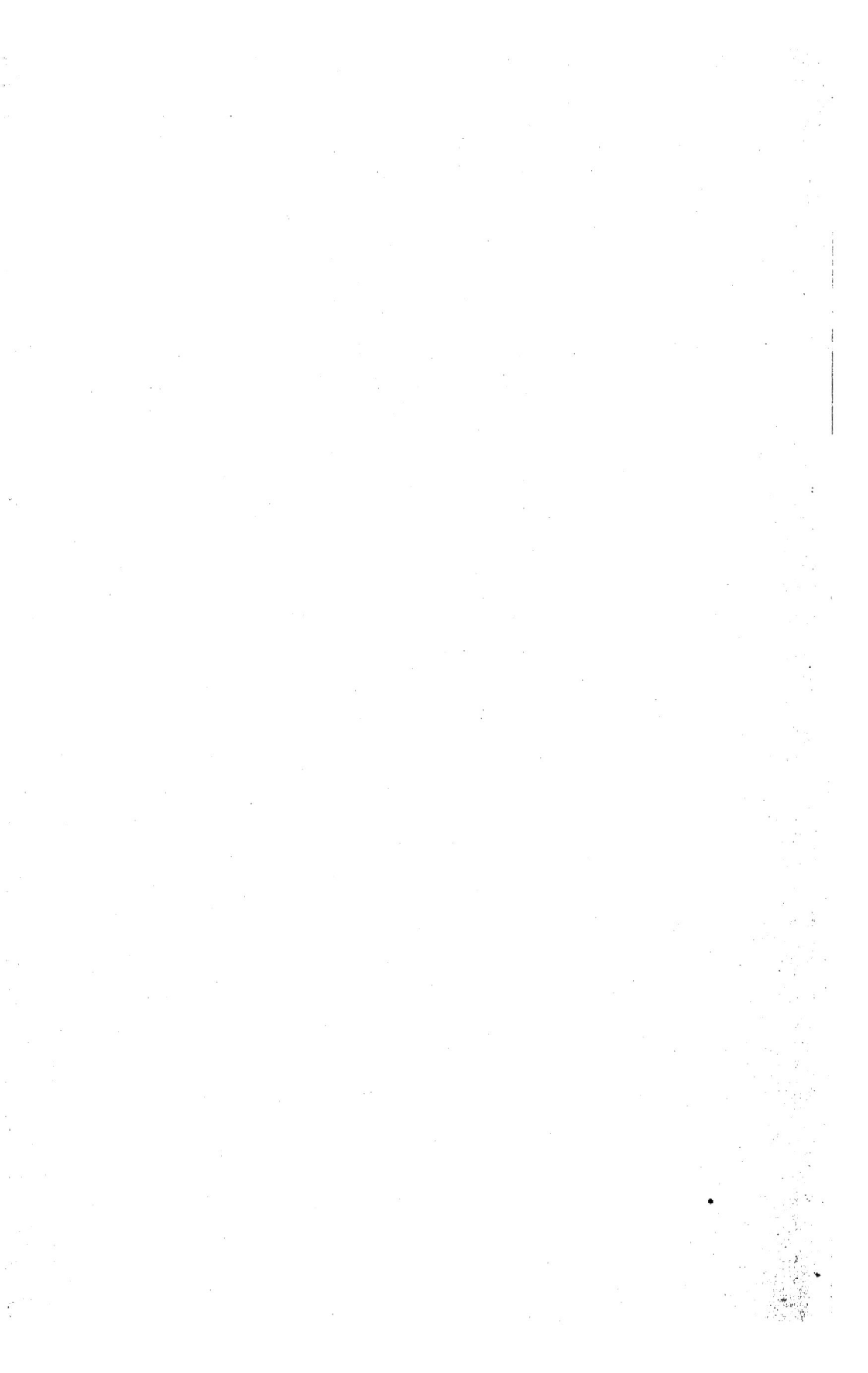

TABLE DES MATIÈRES

Aurillac. — Imp. GENTET et FILS, 6 rue Marchande.

OUVRAGES DU MÊME AUTEUR

Pour recevoir franco, ajouter en sus des prix marqués les frais de poste (0 fr. 10 au minimum), — sauf pour la *Santé Virile*.

---

(1) Bientôt épuisé.

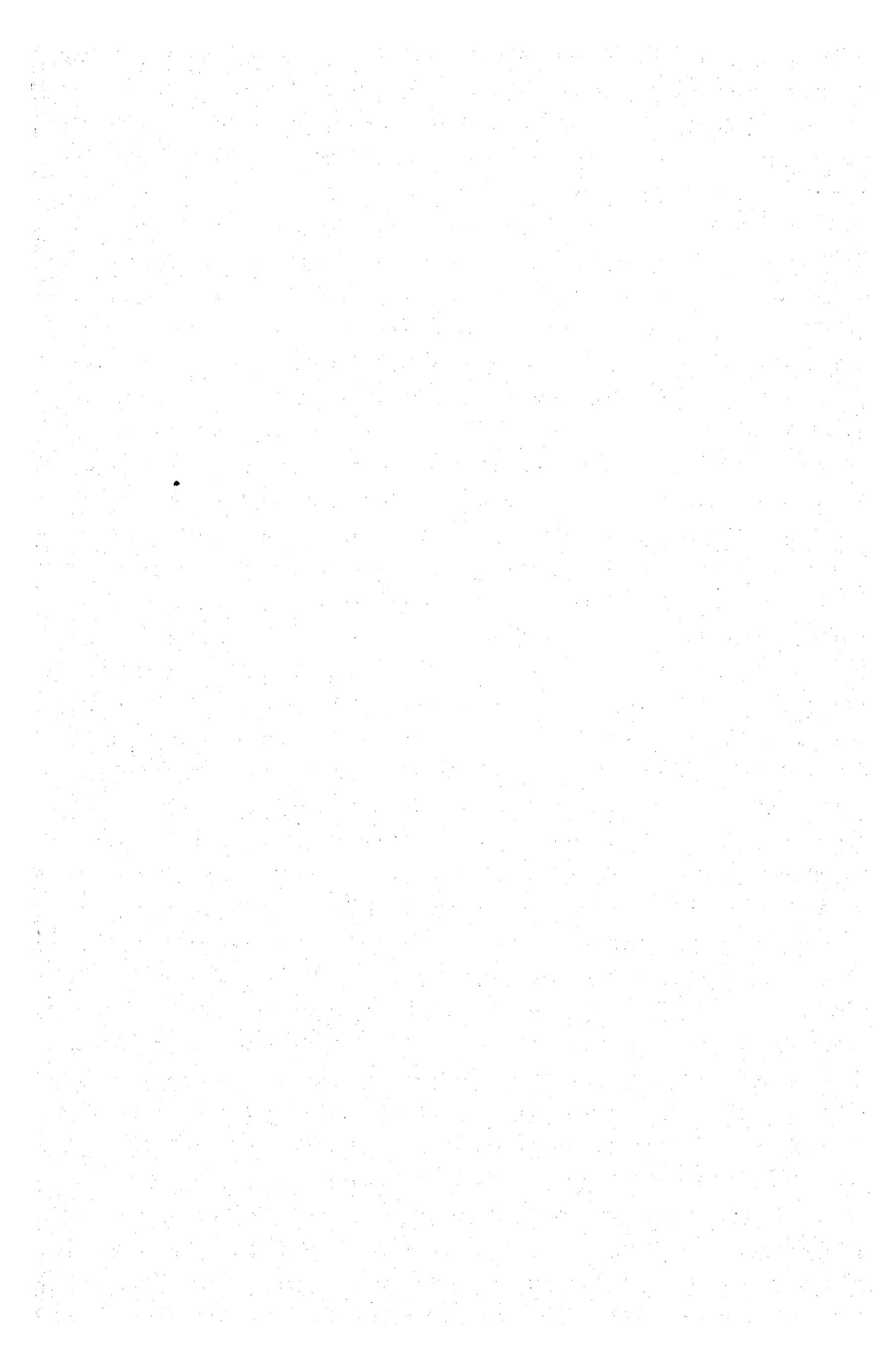